BEI GRIN MACHT SICH IHR WISSEN BEZAHLT

- Wir veröffentlichen Ihre Hausarbeit, Bachelor- und Masterarbeit

- Ihr eigenes eBook und Buch - weltweit in allen wichtigen Shops

- Verdienen Sie an jedem Verkauf

Jetzt bei www.GRIN.com hochladen und kostenlos publizieren

David Zuk

Das Konfliktpotenzial der Ressource Wasser

GRIN Verlag

Bibliografische Information der Deutschen Nationalbibliothek:

Die Deutsche Bibliothek verzeichnet diese Publikation in der Deutschen National-
bibliografie; detaillierte bibliografische Daten sind im Internet über http://dnb.d-
nb.de/ abrufbar.

Impressum:

Copyright © 2011 GRIN Verlag GmbH
Druck und Bindung: Books on Demand GmbH, Norderstedt Germany
ISBN: 978-3-640-90261-3

Dieses Buch bei GRIN:

http://www.grin.com/de/e-book/171095/das-konfliktpotenzial-der-ressource-wasser

GRIN - Your knowledge has value

Der GRIN Verlag publiziert seit 1998 wissenschaftliche Arbeiten von Studenten, Hochschullehrern und anderen Akademikern als eBook und gedrucktes Buch. Die Verlagswebsite www.grin.com ist die ideale Plattform zur Veröffentlichung von Hausarbeiten, Abschlussarbeiten, wissenschaftlichen Aufsätzen, Dissertationen und Fachbüchern.

Besuchen Sie uns im Internet:

http://www.grin.com/

http://www.facebook.com/grincom

http://www.twitter.com/grin_com

David Zuk

PRESSURES ON WATER

\-

DAS KONFLIKTPOTENZIAL DER RESSOURCE WASSER

INHALTSVERZEICHNIS

ABBILDUNGSVERZEICHNIS

1. EIN KNAPPES GUT – DIE RESSOURCE WASSER

1.1. GLOBALE UND REGIONALE WASSERKNAPPHEIT

Obwohl rund 71 Prozent der Erdoberfläche mit Wasser bedeckt ist, gehört diese lebensnotwendige Ressource zu den knappen Gütern der Menschheit. Denn effektiv nutzbar ist das Gut Wasser für uns Menschen nur, wenn es sauber und trinkbar ist. Genau dieser Umstand macht Wasser zu einem knappen Gut, das es zu bewahren gilt. Als potenzielles Trinkwasser gelten rund 2,5 Prozent des auf der Erde vorkommenden Wassers. Von diesem Anteil ist wiederum ein Großteil in nicht direkt nutzbaren Speichern (Eis, Wolken etc.) gebunden. Letztendlich steht den derzeit rund 6,6 Mrd. Menschen auf der Erde rund 1 Prozent des vorhandenen Wassers als potenzielles Trinkwasser zur Verfügung. Hierbei muss allerdings erwähnt werden, dass die verbleibenden rund 1 Prozent keineswegs als genießbares Trinkwasser zu bewerten sind – nur etwa 0,007 Prozent sind nutzbares Süßwasser, wozu auch das Wasser aus Flüssen, Seen und leicht zugänglichem Grundwasser zählt.

Durch diverse Verschmutzungen reduziert sich die tatsächlich vorhandene Menge an Trinkwasser nochmals drastisch. Aktuell haben rund 1,2 Mrd. Menschen keinen Zugang zu sauberem Trinkwasser. Die Weltgesundheitsorganisation (WHO) rechnet damit, dass in den nächsten Jahrzehnten die Zahl der Menschen, die unter Wasserknappheit (weniger als 1000 m³/Kopf; vgl. Ehlers 2002:18) zu leiden hat, auf 3,9 Mrd. steigen könnte (BPB 2006:1). Etwa 2 Mrd. Menschen haben zudem heute bereits mit fehlender Abwasserentsorgung zu kämpfen. Jährlich sterben weltweit rund 12 Millionen Menschen durch Wassermangel oder Krankheiten, welche durch verschmutztes Trinkwasser verursacht wurden (NUSCHELER 2001:116). Des Weiteren werden weltweit rund 255 Mio. Hektar Land durch Bewässerungsfeldbau künstlich bewässert und dies v.a. in ariden sowie bodenkundlich ungünstigen Gebieten, was diese Regionen wiederum anfällig gegenüber Ernährungskrisen macht. Diese Zahlen zeigen also bereits sehr deutlich, vor welch schwierigen Herausforderungen die Menschheit bezüglich der ausreichenden Trinkwasserversorgung aller Menschen steht. Mit dieser Problematik gehen soziale, politische, ökonomische und ökologische Herausforderungen einher, welche es zum Vorteil aller Menschen lösen gilt.

1.2. KONFLIKTPOTENTIALE UND AUSWIRKUNGEN

Dabei ist nicht zu vergessen, dass damit in Zusammenhang stehende Konfliktpotenzial, da jede beteiligte Partei den für sich größten Vorteil aus diesem Problemlösungsprozess herausschlagen möchte.

Ein Hauptproblem liegt, neben der ungleich verteilten Allokation der Ressource Wasser, in schlecht ausgebauter Infrastruktur und fehlendem Wassermanagement. Der Klimawandel verstärkt diese Ursachen noch. Allein in Afrika erwarten die Vereinten Nationen bis 2020, dass 75-250 Mio. Menschen an akuter Wasserknappheit leiden werden, welche maßgeblich durch den Klimawandel ausgelöst sein wird (UNESCO 2009:19). Diese Problematik beinhaltet das höchste Konfliktpotenzial. Besonders in den wasserarmen Regionen der Erde zeigt sich dies bereits seit einigen Jahrzehnten. Damit zeigt sich bereits, dass Wasserknappheit hauptsächlich regional für Konflikte sorgt (Abb. 1).

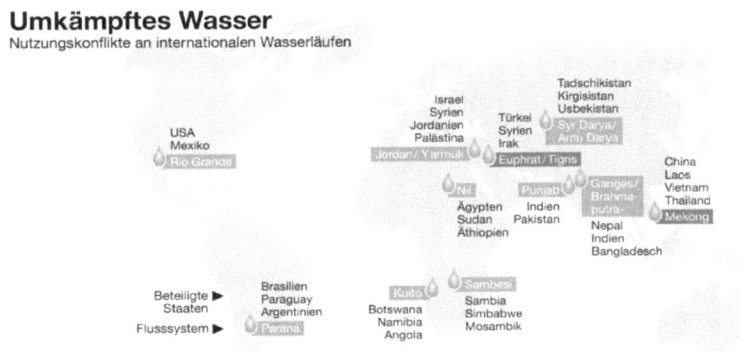

Abb. 1: Umkämpftes Wasser weltweit (Quelle: BPB 2006:2)

Dies offenbart sich auch in der Tatsache, dass über weitere Distanzen Wasser kaum gehandelt wird. Durch Großprojekte, wie etwa den Drei-Schluchten-Damm in der VR China, können diese Konflikte aber durchaus auch überregionale Dimensionen erreichen. Projekte wie diese sind nicht nur die Antwort auf veränderte klimatische Bedingungen, sondern auch auf einen steigenden Bedarf von Wasser durch eine zunehmende Bevölkerung.

Mit zunehmender Bevölkerung gehen ein erhöhter Nahrungsmittelbedarf, Urbanisierung und veränderte Konsumgewohnheiten einher. Dabei wird in den Industrieländern ein Anstieg der Nachfrage von 18 Prozent, in den Entwicklungsländern von 50 Prozent vorhergesagt (HOUDRET 2008:3). Ein Großteil des Wassers (etwa 70 Prozent) wird in diesem Zusammenhang für die Nahrungsmittelproduktion benötigt (LAIMÉ 2008:22, UNESCO 2009:16). Bis 2030 wird in den Entwicklungsländern mit einem Anstieg des Wasserverbrauchs für die Nahrungsmittelproduktion um 67 Prozent gerechnet, wobei allerdings bereits heute in vielen Ländern die Wassernutzung die natürliche Regeneration der Wasserreservoirs stark übersteigt, was im gleichen Zuge zu ökologischen und darauf folgenden sozialen Konflikten geführt hat (HOUDRET 2008:3).

Als ein sehr anschauliches Beispiel kann hier das Gebiet des Aralsees genannt werden (Abb. 2). Die massive Übernutzung seines Wassers bzw. seiner Zuflüsse Amudarja und Syrdarja durch Bewässerung von Baumwollfeldern führte zu einem fast vollständigen Verschwinden des ehemals viertgrößten Binnensees der Erde. Durch

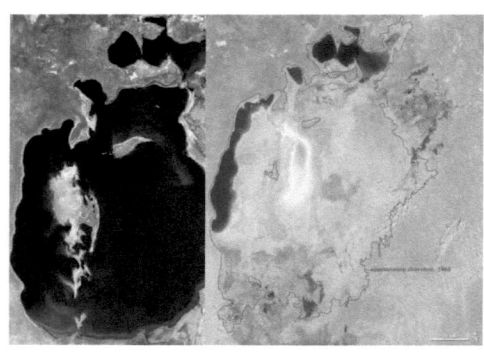

die Übernutzung kam es zur Versalzung der Böden und von Trinkwasserquellen, wodurch ganze Regionen für Menschen unbewohnbar wurden (SMITH & SMITH 2009:787).

Von ursprünglich 69900 km² sind heute nur wenige Quadratkilometer Wasserfläche übriggeblieben. Mit verschiedensten Methoden versucht man inzwischen den See zu retten und die Wasserfläche wieder zu erhöhen. Dennoch ist eine völlige Kehrtwende nicht absehbar, da die Baumwollproduktion in den Anrainerstaaten einen hohen Anteil an den Deviseneinnahmen hat. Somit werden sich die Desertifikationsprozesse in der Region auch weiterhin fortsetzen und für die dort lebende Bevölkerung ein hohes Gesundheitsrisiko darstellen, da durch den Wind Giftstoffe aus dem Boden und von alten Industrieanlagen ausgeweht werden (GIESE & SEHRING 2007:1005).

Abb. 2: Aralsee 1989 (links) und 2009 (rechts)
(Quelle: http://www.geolinde.musin.de)

Ein weiteres Beispiel für einen schwelenden Konfliktherd, wenn es um Wasserkonkurrenz geht, ist der Nahe Osten. In weiten Gebieten dieser Region gibt es ebenfalls bereits seit vielen Jahrzehnten Probleme mit der Wasserversorgung. Insbesondere der Jordan, als wichtige Trinkwasserquelle für den Libanon, Syrien, Jordanien, Israel und die Palästinensergebiete. Dass aus diesem „schwelenden Konfliktherd" auch ein „brennender" werden kann, zeigte sich 1967 im durch Israel begonnenen Sechs-Tage-Krieg, bei dem Israel die Quellgebiete des Jordan annektierte, wodurch Syrien und Jordanien von den Quellen des Jordan abgeschnitten wurde. Später wurden in bilateralen Verträgen beiden Ländern bestimmte Wasserkontingente zugesprochen, welche seitdem durch Israel geliefert werden. Während der durchschnittliche Wasserverbrauch der israelischen Haushalte rund 300 Liter/Kopf beträgt, stehen den palästinensischen Haushalten gerade einmal 70 Liter/Kopf und Tag zur Verfügung, was das Konfliktpotenzial nicht wesentlich mindert (WIMMEN 2006:o.S.). Euphrat und Tigris sind ebenfalls Sinnbild des Kampfes um Wasser im Nahen Osten. Hier streiten sich die Türkei, Syrien und der Irak um das knappe Gut Wasser. Trotz einer Verpflichtung der Türkei als Oberliegerstaat, genug Wasser an die Unterlieger zu liefern, werfen sich die entsprechenden Parteien immer wieder vor, nicht genug Wasser zu liefern und durch Staudämme das ökologische Gleichgewicht zu stören (OBERLIN 1994:o.S.).

Der Klimawandel und die intensivere Nutzung (Bewässerung, Energieerzeugung), des in Stauseen gespeicherten Wassers, könnte die Situation in dieser Region der Welt noch verschärfen (vgl. HOFF & KUNDZEWICZ 2006:16).

2. HANDLUNGSOPTIONEN ZUR NACHHALTIGEN UND SOZIAL GERECHTEN WASSERVERTEILUNG

2.1. MENSCHENRECHT AUF WASSER

Dass Wasser die lebenswichtigste Ressource auf der Erde ist, wurde oben bereits anschaulich erläutert und dargestellt. An vielen Orten des Planeten ist diese Ressource knapper als anderenorts, weshalb die dort lebenden Menschen insbesondere unter einem Mangel an sauberem Trinkwasser leiden. Aus diesem Grund, wurde in den letzten Jahren bereits häufiger über ein Menschenrecht diskutiert, welches konkret das Recht auf Trinkwasser und Abwasserentsorgung beinhalten sollte.

„Für Überwachungszwecke spezifiziert der Global Water Supply and Sanitation Assessment 2000 Report von Weltgesundheitsorganisation und UN-Kinderhilfswerk (WHO/UNICEF) als „angemessenen Zugang zu Wasser" die Verfügbarkeit von mindestens 20 Liter pro Person und Tag von einer ausgebauten Quelle in einer Entfernung von maximal einem Kilometer vom Wohnsitz des Nutzers" (UNESCO 2003:15).

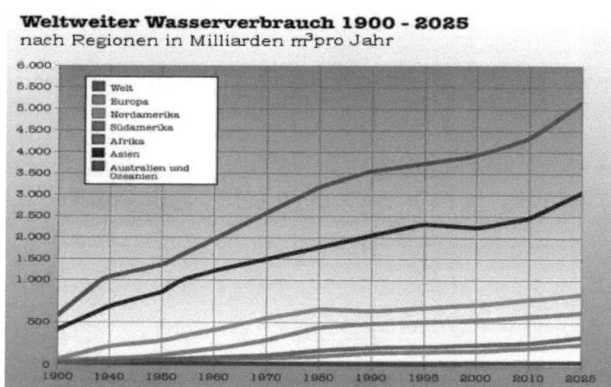

Abb. 3: Weltweiter Wasserverbrauch 1900 – 2025
(nach Regionen in Mrd. m³/Jahr) (Quelle: UBA 2011)

In Anlehnung an den „Internationalen Pakt über wirtschaftliche, soziale und kulturelle Rechte" (Artikel 11) der Vereinten Nationen, in dem sich die 160 Unterzeichnerländer (2010) verpflichtet haben, einen „angemessenen Lebensstandard" zu garantieren, wurde 2008 - auf Initiative Deutschlands und Spaniens - mit der „Resolution 7/22" der Vereinten Nationen ein international gültiges Dokument ins Leben gerufen, welches das Menschenrecht auf Wasser verpflichtend festhält (BPB 2008:B; UN 2008:2).

Dabei verpflichten sich die Staaten, alles zu unternehmen, damit ihre Bürger mit „ausreichendem, sicherem, annehmbarem, physisch zugänglichem und erschwinglichem Wasser für den persönlichen und den häuslichen Gebrauch" versorgt sind. Auch in Hinblick auf den weltweit ständig steigenden Wasserverbrauch (Abb. 3) und die ungenügend ausgebaute Verteilungsinfrastruktur, gewinnt dieses Menschenrecht umso mehr an Bedeutung. Nach Angaben der Vereinten Nationen, hat sich der Wasserverbrauch seit 1900 nahezu verzehnfacht (FRÖHLER 2010:17). Der Wasserstress-Index (s. Abb. 4) verdeutlicht, in welchen Ländern ein Missverhältnis zwischen Wasserbedarf und erneuerbarem Süßwasser besteht.

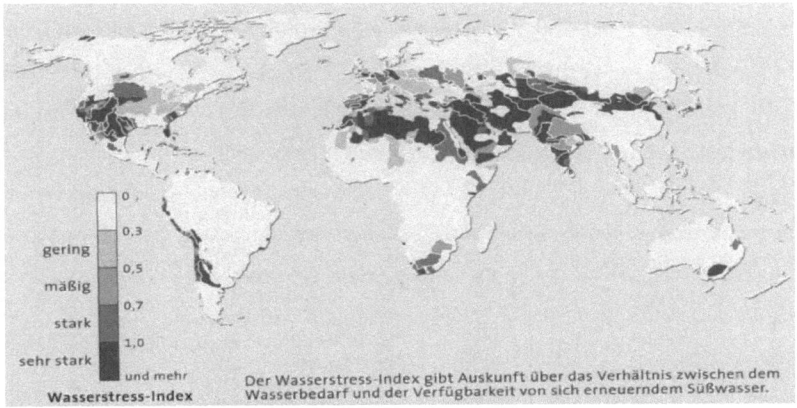

Abb. 4: Verhältnis Wasserbedarf – Verfügbarkeit erneuerbaren Süßwassers
(Quelle: LAIMÉ 2008:23)

Da sich mit einem steigenden Wasserverbrauch auch die Menge an Abwasser erhöht, nimmt auch die Gefahr einer Gesundheitsgefährdung durch unsauberes Wasser zu. Die Weltgesundheitsorganisation (WHO) schätzt, dass in den Entwicklungsländern etwa 90 Prozent des Wassers nicht gesäubert weitergeleitet und 70 Prozent der Industrieabfälle unbehandelt entsorgt werden. Dadurch sind die ohnehin spärlichen Trinkwasserreserven zusätzlich durch Verschmutzung gefährdet (LAIMÉ 2008:23). In Anbetracht dieser Umstände ist es fraglich, wie eine Umsetzung dieses Menschenrechts aussehen soll bzw. wer sie finanzieren soll. Besonders in politisch instabilen Systemen wird häufig eher in militärische Mittel als in Infrastruktur investiert. Meist bleibt nur die direkte Aufbauhilfe durch Entwicklungsorganisationen.

2.2. INTEGRIERTES WASSERRESSOURCENMANAGEMENT (IWRM)

Unter dem Begriff Wasserressourcenmanagement sind verschiedene Definitionen zu finden. Die wohl bekannteste und meistzitierte Definition ist die der GLOBAL WATER PARTNERSHIP (GWP) (2000), welche Integrated Water Resource Management (IWRM) wie folgt beschreibt:

"Integrated Water Resource Management is a process which promotes the coordinated development and management of water, land and related resources, in order to maximize the resultant economic and social welfare in an equitable manner without compromising the sustainability of vital ecosystems."

Die Hauptaussage dieser Definition ist also, die Maximierung ökonomischen und sozialen Wohlstands mit der Entwicklung und dem Management des Wassers zu koordinieren, ohne dabei die ökologische Nachhaltigkeit sowie die Funktionsfähigkeit der Ökosysteme zu vernachlässigen (vgl. „Dreieck der Nachhaltigkeit").

Im Bezug zum Wasser bedeutet dies, dass hierbei insbesondere die Wechselbeziehungen von oberirdischen Gewässern, Grundwasserleitern und ggf. Küstengewässern beachtet werden müssen. Als Leitbild festgeschrieben wurde das Konzept des IWRM bereits 1992 durch die DUBLIN-PRINZIPIEN und die AGENDA 21 INTERNATIONAL.

Wichtige Punkte dieses Leitbilds sind neben der aktiven Partizipation, die Kooperation der verschiedenen gesellschaftlichen und privaten Akteure bei Planungs- und Entscheidungsprozessen. Laut UFZ (2009) wurde mithilfe des Konzepts inzwischen „eine programmatische Abkehr von sektoralen Ansätzen hin zu integrativen und transdisziplinären Handlungsweisen vollzogen".

Schlüsselelemente eines Integrierten Wasserressourcen-Managements sind (nach UFZ 2009):

- Institutionelle Integration der Planungs- und Bewirtschaftungseinheiten (Wassereinzugsgebiete); problematisch, da Wassereinzugsgebiete meist über Verwaltungsgrenzen hinweg reichen

- Einbeziehung nicht nur der Wechselbeziehungen zwischen oberirdischen und unterirdischen Kompartimenten eines Gewässers, sondern auch der zwischen Wasser- und Landressourcen
  - → integrative Betrachtung und Bewirtschaftung durch ökosystemaren Managementansatz
- Einbeziehung der Interessen von Ober- und Unterliegern eines Wassereinzugsgebietes
- Sektorenübergreifende Rahmenplanung, unter der Berücksichtigung qualitativer und quantitativer Aspekte, zur nachhaltigen Nutzung des Wassers
- Partizipation von Stakeholdern (Trink- und Brauchwasserversorger, Abwasserentsorger, Energieproduzenten, Abfallwirtschaft, Schifffahrt, Land- und Forstwirtschaft, Tourismus etc.) in Entscheidungsprozessen (s. Abb. 4)
  - → Entwicklung von Partizipationsstrukturen zur Förderung der unterschiedlichen Ansprüche in Bezug auf die Bewirtschaftung der Wasserressourcen

Abb. 5: IWRM und die Bezüge zu verschiedenen Sektoren (eigene Darstellung; nach UFZ 2009:9)

2.3. VIRTUELLER WASSERHANDEL

Als dritte Handlungsoption soll nun der sgn. „virtuelle Wasserhandel" vorgestellt werden. Darunter versteht man grundsätzlich den „normalen" Handel von Produkten, allerdings unter Einbeziehung ihrer Wasserbilanz; d.h. wie viel Wasser während der gesamten Produktionskette des Gutes verbraucht wurde. Entwickelt wurde das Konzept in den 1990er Jahren vom britischen Wissenschaftler John Anthony Allan (ALLAN 1999). Es kann sowohl auf Einzelpersonen und Unternehmen, als auch auf Staaten angewendet werden.

Eine Weiterentwicklung des Konzepts des virtuellen Wasserhandels ist der **Wasser-Fußabdruck**, welcher neben der direkt verbrauchten Wassermenge, auch das „virtuell" verbrauchte Wasser für Nahrung und andere Güter betrachtet. In Deutschland verbraucht beispielsweise jeder Einwohner täglich rund 130 Liter Trinkwasser im Haushalt. Schließt man die virtuelle Wassermenge mit ein, kommt man jedoch auf etwa 4000 Liter pro Person/Tag (HARTMANN 2009). Abbildung 5 schlüsselt Produkte und deren „virtuellen" Wasserverbrauch auf.

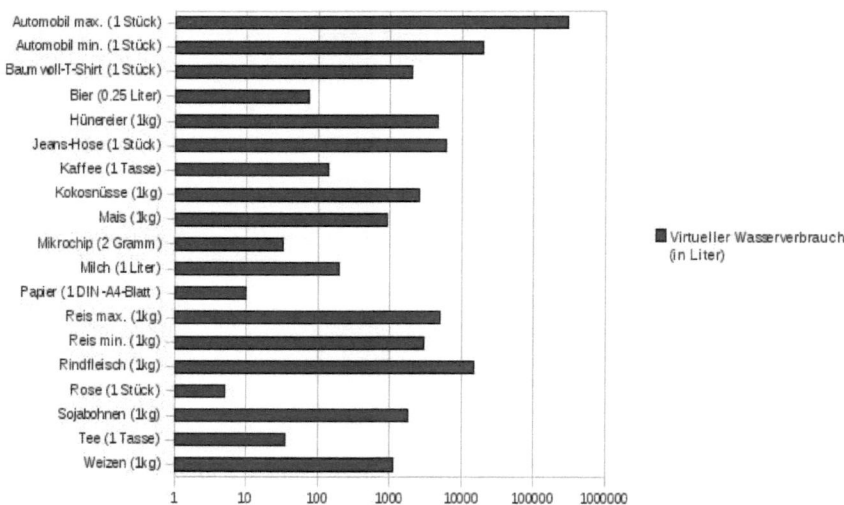

Abb. 6: Logarithmische Darstellung des virtuellen Wasserverbrauchs für verschiedene Alltagsgüter (Quelle: www.acamedia.info)

Wie aus obiger Abbildung deutlich wird, wird Wasser bei der Produktion eines jeden Guts benötigt. Wasserärmere Länder können Wasserdefizite dadurch ausgleichen, dass sie beispielsweise Nahrungsmittel, welche bei ihrer Produktion besonders viel Wasser verbrauchen, aus wasserreicheren Ländern importieren. Die eigenen knappen Wasserressourcen können dann für Sektoren mit höherer Wertschöpfung verwendet werden (vgl. LOTZE-CAMPEN & GERTEN 2009:686).

Der Vorteil dieser kontrovers diskutierten Handlungsoption, um die Wasserknappheit in bestimmten Regionen der Erde zu lösen, basiert zum einen auf der Effizienzsteigerung bei der Nutzung von Wasser in diesen Ländern, zum anderen auf der gleichzeitigen Förderung des Wirtschaftswachstums durch Unterstützung nachhaltigerer Industriezweige. Des Weiteren werden nicht nachhaltige Wasserinfrastrukturprojekte (Bau von Dämmen, Grundwasserbohrungen etc.) vermieden. Derartige Kooperationen können damit zugleich friedensstiftende Maßnahmen zwischen zerstrittenen Ober- und Unterliegern darstellen.

Das größte Problem bei der Verwirklichung dieses Konzepts liegt – wie so häufig – in der Finanzierung. Die meisten wasserarmen Staaten sind wirtschaftlich schwach aufgestellt und haben daher kaum Möglichkeiten derartige Importe aus wasserreicheren Ländern zu finanzieren. Derartige Importe würden nicht nur die Abhängigkeit gegenüber anderen Staaten erhöhen und sondern zugleich auch die eigene Landwirtschaft schwächen, welche jedoch zumeist der Arbeitgeber Nr. 1 in diesen Ländern ist (LOTZE-CAMPEN & GERTEN 2009:679). Die Macht der jeweiligen nationalen Regierungen würde als „zentrale Verteilungsstelle" agieren, was zu einem gefährlichen Machtinstrument werden könnte.

3. FAZIT

Wie aus den Erläuterungen hervorgeht, steht die Menschheit mit der weltweit zunehmenden Wasserknappheit vor einer ihrer größten Herausforderungen. Durch den Klimawandel dürften die Auswirkungen zusätzlich noch verstärkt werden. In dieser Arbeit konnte nur relativ knapp auf die komplexe Gesamtproblematik eingegangen werden. Besonders die Entwicklungsländer, mit ihren häufig zunehmenden Bevölkerungszahlen, trifft es umso härter. Durch politische, soziale und wirtschaftliche Unsicherheiten lassen sich Verbesserungen häufig nicht intensiv umsetzen. Des Weiteren führen diese Unsicherheiten auch zu Konflikten innerhalb der Länder oder auch zu Krisen mit anderen Staaten. Die aufgeführten Optionen stellen nur einen Teil der Handlungsmöglichkeiten dar. Mit der durch die Vereinten Nationen verabschiedeten Erklärung, die Versorgung mit Trinkwasser als **MENSCHENRECHT** anzuerkennen, wurde bereits ein wichtiger Schritt zur gesicherten Wasserversorgung aller Menschen mit ausreichend Trinkwasser unternommen. Darin verpflichten sich derzeit (2010) bereits 160 Staaten, alles Mögliche zu tun, um ihre Bevölkerung sowohl mit sauberem Trinkwasser zu versorgen, als auch Abwasserentsorgung bzw. Abwasseraufbereitung bereitzustellen. Da es sich dabei allerdings mehr um eine Absichtserklärung, als um ein verbindliches Dokument handelt, kann allein mit dieser Handlungsoption die Versorgung der Bevölkerung nicht sichergestellt werden. Über das **INTEGRIERTE WASSERRESSOURCEN-MANAGEMENT (IWRM)** können Entscheidungsprozesse sowohl beschleunigt, als auch verlangsamt werden – je nachdem, wie hoch der Wille der beteiligten Akteure ist, sich auf einen gemeinsamen Konsens zu einigen. Dieses Konzept lebt maßgeblich von der aktiven Partizipation der verschiedenen gesellschaftlichen und privaten Akteure. Bedenkt man, dass der größte Teil des Trinkwassers zu Erzeugung von Lebensmitteln dient, zeigt sich hier das größte Potenzial zur effektiveren Nutzung des wertvollen Rohstoffs Wasser. Mit dem **„VIRTUELLEN" WASSERHANDEL** könnte dies möglich werden. Allerdings zeigen die aufgeführten Vor- und Nachteile, dass auch hierbei neben stabilen politischen Verhältnissen, auch der Wille der Regierungen vorhanden sein muss, die sozialen Zustände im eigenen Land für alle Bevölkerungsschichten verbessern zu wollen.

ABBILDUNGSVERZEICHNIS

Abbildungen:

QUELLENVERZEICHNIS

ALLAN, J. A. (1999): „Virtual water": a long term solution for water short Middle Eastern economies? London.

BMBF (Bundesministerium für Bildung und Forschung) (2002): Wasser. Wissenschaft im Dialog. Berlin.

BPB (Bundeszentrale für politische Bildung) (2006): Wasser – für alle!? Bonn.

LOTZE-CAMPEN, H. & D. GERTEN (2009): Virtueller Wasserhandel – ein Beitrag zur Lösung von regionaler Wasserknappheit und Ernährungssicherung? In: H. LOTZE-CAMPEN & GERTEN, D. (2009): Wissenswelten Schwerpunkt „Dürre Zeiten?". Potsdam-Institut für Klimafolgenforschung. Potsdam.

EHLERS, E. (2002): Wasser: Ressourcen und Verfügbarkeit – globaler Überblick und Dokumentation. In: MEYER, GÜNTER et al. (Hrsg.): Wasserkonflikte in der Dritten Welt. Mainz: 11-29

FES (Friedrich-Ebert-Stiftung) (2007): Reicht uns das Wasser?! Wasser – ein primäres Menschenrecht. Fachtagung der Friedrich-Ebert-Stiftung zum Tag der Menschenrechte. Bonn.

FRÖHLER, M. (2010): Empirische Untersuchung zum Stellenwert des Trinkwassers in der Ernährung der erwachsenen Bevölkerung in Österreich. Dissertation. Wien.

GIESE & SEHRING (2007): Die Aralsee-Katastrophe. In: GEBHARDT, H. et al. (2007): Geographie. 1. Auflage. München: 1004 - 1005

GLOBAL WATER PARTNERSHIP (GWP) (2000): Integrated Water Resources Management. TAC Background Papers No. 4. Stockholm.

HARTMANN, J. (2009): Virtuelles Wasser und der Wasser-Fußabdruck. WWF Deutschland. <http://www.wwf.de/themen/politik/wasserpolitik/weltwasserforum-2009/virtuelles-wasserund-der-wasser-fussabdruck> (Zugriff am 16-12-2010)

HOFF & KUNDZEWICZ (2006): Süßwasservorräte und Klimawechsel. In: APUZ - Aus Politik und Zeitgeschichte. 25/2006. Bonn. 14 – 19

HOFSTETTER, P. (2009): Wasser – Quelle von Konflikten. Positionspapiere. dokument 17, Mai 2009. Bern.

HOUDRET, A. (2008): Knappes Wasser, reichlich Konflikte? Lokale Wasserkonflikte und die Rolle der Entwicklungszusammenarbeit. INEF Policy Brief 3/2008. Duisburg.

Humanrights.ch/MERS (2010): Internationaler Pakt über wirtschaftliche, soziale und kulturelle Rechte.

<http://www.admin.ch/ch/d/sr/i1/0.103.1.de.pdf> (Zugriff: 23-03-2011)

LAIMÉ, M. (2003): Sauberes Wasser – knappes Gut. In: Atlas der Globalisierung. LE MONDE diplomatique. 2. Auflage. Berlin: 14 - 15

LAIMÈ, M. (2008): Der Kampf um das Wasser. In: Atlas der Globalisierung. LE MONDE diplomatique. 3. Auflage. Berlin: 22 - 23

MAUSER, W. & K. SCHNEIDER (2007): Konfliktstoff Wasser in globaler Dimension. In: GEBHARDT, H. et al. (2007): Geographie. 1. Auflage. München: 1003 - 1014

NUSCHELER, F. (2001): Wasser – Konflikt-Quelle der Zukunft. In: forum-forschung 2001. Duisburg. 112 - 116

OBERLIN, W. (1994): Umweltkonflikt – Krieg um Wasser. FOCUS Magazin Nr. 7. Offenburg.

ROSEMANN, N. (2003): Das Menschenrecht auf Wasser unter den Bedingungen der Handelsliberalisierung und Privatisierung – Eine Untersuchung der Privatisierung der Wasserversorgung und Abwasserentsorgung in Manila. Studie im Auftrag der Friedrich-Ebert-Stiftung.

<http://library.fes.de/pdf-files/iez/01948.pdf> (Zugriff: 26-02-2011)

SMITH, T. & R. SMITH (2009): Ökologie. 6. Auflage. München: 785 - 789

STROH, K. (2003): Konflikt und Kooperation um Wasser. Arbeitsstelle für Friedens- und Konfliktforschung e.V. Arbeitspapiere. München.

Thobaben, H. (2005): Der Wasserkonflikt im Jordanbecken. Forschungsberichte. Nr. 63. Braunschweig.

WIMMEN, H. (2006): Konfliktstoff Wasser.

  <http://www.dradio.de/dlf/sendungen/hitergrundpolitik/482388>

  (Zugriff: 13-03-2011)

UFZ (Helmholtz-Zentrum für Umweltforschung) (2009): Integriertes Wasserressourcen-Management: Von der Forschung zur Umsetzung. 2. Auflage. Leipzig.

UN (United Nations) (2008): Resolution 7/22. Human rights and access to safe drinking water and sanitation.

  <http://ap.ohchr.org/documents/E/HRC/resolutions/A_HRC_RES_7_22.pdf>

  (Zugriff: 12-03-2011)

UNESCO (United Nations Educational, Scientific and Cultural Organization) (2003): Wasser für Menschen – Wasser für Leben. Weltwasserentwicklungsbericht der Vereinten Nationen. Paris.

UNESCO (United Nations Educational, Scientific and Cultural Organization) (2009): Water in a Changing World: The United Nations World Water Development Report 3. Paris/Oxford: 3 - 23